DIE „VORTRÄGE UND SCHRIFTEN" WENDEN SICH AN DIE WEITEN KREISE DERER, DIE AN WISSENSCHAFTLICHER FORSCHUNGSARBEIT ANTEIL NEHMEN

1. Heft: Wesen und Aufgaben der Akademie. Vier Vorträge von Th. Vahlen, E. Heymann, L. Bieberbach und H. Grapow. 8⁰. III, 43 Seiten und ein Porträt. 1940. RM 2.—

2. Heft: Bodenordnung als volkspolitische Aufgabe und Zielsetzung nationalsozialistischen Ordnungswillens. Von Prof. Dr. Konrad Meyer. 8⁰. III, 25 Seiten und eine Tafel. 1940. RM 1.20

3. Heft: Die kosmische Ultrastrahlung als Forschungsproblem. Von Prof. Dr. H. Geiger. 8⁰. 33 Seiten. 1940. RM 1.30

4. Heft: Nationalgedanke und Dichtung in Italien. Von Prof. Dr. E. Winkler. 8⁰. 31 Seiten. 1940. RM 1.20

5. Heft: Die alten Bevölkerungsverhältnisse Rußlands im Lichte der Sprachforschung. Von Prof. Dr. M. Vasmer. 8⁰. 35 Seiten und eine Karte. RM 1.85

6. Heft: Caesars weltgeschichtliche Leistung. Von Prof. Dr. Matthias Gelzer. 8⁰. 34 Seiten. 1941. RM 1.30

7. Heft: Stoffe, Kräfte und Gedanken als Träger chemischer Gestaltung. Von Prof. Dr. Peter A. Thiessen. 8⁰. 27 Seiten. 1941. RM 1.—

8. Heft: Die biologische Chemie im Dienste der Volksgesundheit. Von Prof. Dr. Adolf Butenandt. 8⁰. 21 Seiten. 1941. RM —.80

9. Heft: Zur Frühgeschichte der Astronomie in Berlin. Von Prof. Dr. Hans Ludendorff†. 8⁰. 23 Seiten. 1942. RM —.90

10. Heft: Die Gezeiten der festen Erde, des Meeres und der Atmosphäre. Von Prof. Dr. Albert Defant. 8⁰. 36 Seiten. 1942. RM 1.20

11. Heft: König Friedrich Wilhelm I. als Begründer des preußischen Staates. Von Prof. Dr. Fritz Hartung. 8⁰. 36 Seiten. 1942. RM 1.—

(Fortsetzung siehe 3. Umschlagseite)

VERLAG WALTER DE GRUYTER & CO., BERLIN W 35

PREUSSISCHE AKADEMIE DER WISSENSCHAFTEN

VORTRÄGE UND SCHRIFTEN

HEFT 22

DER PHYSIKER UND SEIN WERKZEUG

Von

PROF. DR. WALTHER BOTHE

BERLIN 1944

VERLAG WALTER DE GRUYTER & CO

VORMALS G. J. GÖSCHEN'SCHE VERLAGSHANDLUNG · J. GUTTENTAG, VERLAGSBUCHHANDLUNG · GEORG REIMER · KARL J. TRÜBNER · VEIT & COMP.

Mit 24 Abbildungen

Printed in Germany
Druck von Walter de Gruyter & Co., Berlin W 35
Archiv-Nr. 34 58 44

Das Thema dieses Vortrages klingt recht allgemein. Man hätte darüber wohl in jeder Epoche der langen Entwicklungszeit unserer Naturwissenschaften sprechen und schreiben können. Ob es geschehen ist oder nicht — jedenfalls wird man in früheren Zeiten von den Beziehungen zwischen dem Naturforscher und seinen Werkzeugen nicht sehr viel Aufhebens gemacht haben, weil diese Beziehungen im Grunde sehr einfacher Art zu sein schienen. In der Tat konnte man unmöglich überblicken, welche besonderen Entwicklungskeime in der Anwendung der damaligen, für heutige Begriffe sehr einfachen apparativen Hilfsmittel steckten. Heute sind diese Beziehungen so vielgestaltig geworden, daß es nicht nur interessant, sondern geradezu notwendig erscheint, sich davon einmal Rechenschaft zu geben; kann man doch selbst unter Fachphysikern sehr große Unterschiede feststellen in bezug auf die Einstellung zum Apparat, z. B. in den Anforderungen, die an Versuchsapparaturen und Meßinstrumente gestellt werden, damit sie den, der damit arbeiten will, befriedigen. Je nach seiner wissenschaftlichen Physiognomie, möchte ich sagen, nicht zuletzt auch nach der Schule, aus der der Betreffende stammt, wird er z. B. am liebsten mit Instrumenten arbeiten, die für ganz spezielle Zwecke zugeschnitten sind, diese aber mit größtmöglicher Präzision und Störunempfindlichkeit erfüllen, oder aber er wird seine größte Freude an einfachen, wandlungsfähigen Apparaturen finden, die dann allerdings eine besonders geschickte und vorsichtige Hand zur Herstellung und Benutzung verlangen, wenn sie einwandfrei und zuverlässig arbeiten sollen. Für den Nichtfachmann aber, der naturwissenschaftliche Interessen verfolgt, erscheint es besonders wichtig, sich einen mehr als oberflächlichen Einblick zu verschaffen in die Rolle, die das Instrumentelle in der

Arbeit des Physikers spielt. Haben doch Presseberichte schon oft der Öffentlichkeit ein schiefes Bild vom Wesen des Beobachtens und Experimentierens vermittelt und abwegige Vorstellungen erweckt von der Arbeitsweise des Physikers, von den Motiven, die ihn treiben, und den Zielen, die ihm erstrebenswert erscheinen.

Es würde viel zu weit führen, wollten wir all den verschiedenen Wandlungen nachspüren, die das Verhältnis des Naturforschers zu seinen experimentellen Hilfsmitteln im Laufe der Jahrhunderte durchgemacht hat, mit den verwickelten Wechselwirkungen zwischen den verschiedenen Kulturkreisen. Hierfür fühle ich mich auch in keiner Weise zuständig. Einen kurzen Rückblick müssen wir aber doch werfen, um einigermaßen zu verstehen, wie es eigentlich gekommen ist, daß die Arbeitsstätte des Physikers heute ein so ganz anderes Bild darbietet als selbst noch vor 100 Jahren.

Naturerkenntnis entsteht aus Naturerfahrung, und diese muß man suchen. Der frühantike Mensch suchte sie vorwiegend in der Natur, so wie er sie vorfand. Seiner Sinnenfreudigkeit waren die Dinge, die ihn umgaben, die Berge, das Meer, der Sternenhimmel, die Wechselfälle des Wetters, des täglichen Lebens, und die Sensationen, die sie in ihm auslösten, eine unerschöpfliche Quelle des Staunens und der Anregung zu naturphilosophischen Betrachtungen. Die reine Beobachtung gewährte ihm volle Befriedigung und schien ihm ausreichend, Theorien aufzustellen oder sogar Weltbilder zu entwerfen. Noch Pythagoras und seine Nachfolger erklärten bekanntlich den Sehvorgang so, daß vom Auge Ausdünstungen oder Strahlen ausgehen sollten, die von dem betrachteten Gegenstand ins Auge zurückgeworfen werden. Auf die Frage, warum der abgeschossene Pfeil weiterfliegt, gab Aristoteles die Antwort: weil er durch den Druck der hinter ihm zusammenströmenden Luft vorwärtsgetrieben wird (heute würden wir am einfachsten mit der Gegenfrage antworten: warum soll der Pfeil n i c h t weiterfliegen?). Solche Deutungen des

Naturgeschehens fand man damals befriedigend, und zwar vielfach jahrhundertelang. Für uns Heutige lassen sich solche Auffassungen schon durch sehr einfache Experimente widerlegen, dem Menschen des klassischen Altertums kam dieser Gedanke kaum. Wenn er überhaupt Experimente machte, so bestanden sie meist in Wiederholungen oder einfachen Abwandlungen dessen, was er in seiner Umgebung beobachtete. Experimentiert wurde erst ziemlich spät, und meist auf dem Gebiete der Mechanik, die eigentlich mehr einen Zweig der Mathematik darstellte, und die Erkenntnisse, die dabei gewonnen wurden, dienten vorwiegend praktischen Zwecken. So wurde erst gegen Ausgang des klassischen Altertums der Grund zur Experimentalphysik, wie wir sie heute verstehen, gelegt.

Etwas anderes, wofür der griechische Naturforscher anscheinend nicht allzu viel Sinn hatte, war das Quantitative, das exakte Messen von physikalischen Größen und Abläufen. Was darüber vorlag, stammte vermutlich großenteils von den Babyloniern und Ägyptern, denen ihrerseits wieder das Messen weniger der Naturerkenntnis diente als dem praktischen Leben, der Vorausberechnung von Himmelsvorgängen u. dgl. Als Zeitmeßinstrument genügte bis ins Mittelalter hinein neben der Sonnenuhr vollkommen die Wasseruhr, d. i. ein langsam sich entleerender Wasserbehälter, ähnlich der Sanduhr, die uns noch heute Symbol der „verrinnenden" Zeit ist. Überaus kennzeichnend ist dabei, daß bis tief ins Mittelalter hinein die Länge der bürgerlichen Stunde von der Jahreszeit abhängig gemacht wurde, indem man jeweils die Zeit zwischen Sonnenaufgang und -untergang in 12 Stunden teilte.

Der Geist, aus dem diese Einstellung entsprang, dieses geringe Bedürfnis nach Experimenten und exakten Tatsachen ist sicher vielen unserer Zeitgenossen nicht ganz fremd. Es drückt sich darin vielleicht nichts anderes aus als das Gefühl, daß alles, was der Schöpfer gemacht hat, groß und einfach sein muß, daß die Natur nicht pedantisch ist und es verschmäht, mit kleinen Tricks zu arbeiten, die den denkenden Verstand hinters Licht führen könnten[1]. Das ist im Grunde genommen derselbe Geist, der aus den vielen Protesten gegen die moderne Naturwissenschaft spricht, die heute fast jedem Fachwissenschaftler auf den Schreibtisch fliegen. Es ist keineswegs ein schlechter oder ungesunder Geist, nur muß man lernen, was die Naturwissenschaft sich in schwerer Mühe erkämpfen mußte, daß nämlich die Einfachheit in der Natur anderer Art ist als die, welche uns, die wir in unseren menschlichen Vorstellungen befangen sind, zunächst vorschwebt. Selbst überlegene Geister wie Goethe und Schopenhauer haben solche Proteste vorgebracht und mit großem Aufwand an Verstand, aber recht geringem an Experimenten durchgefochten. Wir empfinden Achtung und vielleicht sogar ein wenig Neid vor solchen Versuchen, die an die Jugendfrische früherer Zeitalter erinnern.

Worin liegt nun genauer der Unterschied in der antiken und der neuzeitlichen Art, Physik zu treiben. Es geht dabei um Verschiedenes. Das erste ist, daß man in der Neuzeit die Dinge, für deren Wahrnehmung uns die Natur keine ausreichenden Sinneswerkzeuge mitgegeben hat, nicht mehr durch reine Spekulation, sondern aus der Erfahrung kennenlernen will. Wir können einfach sagen: man sieht sich nach künstlichen Sinnesorganen um. Die nächstliegenden Beispiele sind natürlich Mikroskop und Fernrohr. Die Vergrößerungslinse war an sich schon den Babyloniern bekannt. Die Idee aber, Linsenkombinationen als Werkzeuge zur Naturerkenntnis zu benutzen, wurde erst gegen Ausgang des Mittelalters im Abendland wirksam. Es ist dann fast rührend, eines der ersten optischen Instrumente mit einer modernen Ausführung zu vergleichen: dort ein Ding, das sich mit seinen

[1]) Demgegenüber wird von F. Kohlrausch, dem Meister der messenden Physik, die Mahnung an seine Schüler überliefert: „Die Natur ist weise und heimtückisch".

Verschnörkelungen im damaligen Zeitstil seiner Zweckbestimmung zu schämen scheint, hier ein organisches Gebilde, in dem man fast Nerven und Muskeln wie bei einem lebendigen Wesen zu sehen meint.

Die Funktion der optischen Instrumente beruht eigentlich nur auf einer Erhöhung der Leistungsfähigkeit, einer Unterstützung unseres natürlichen Sehorgans, ähnlich etwa das Thermoskop und später die Thermometer verschiedenster Art zur Ergänzung unseres sehr unvollkommenen und unzuverlässigen Temperatursinnes, die Waage zur Ergänzung des Muskelsinnes usw. Beim Thermometer und der Waage erkennen wir schon einen sehr charakteristischen Zug fast aller physikalischen Instrumente: die zu untersuchende Erscheinung wird in einen sichtbaren Vorgang umgesetzt; das Auge ist und bleibt für den Physiker das wichtigste Verbindungstor zwischen ihm und der Außenwelt; alle anderen Sinnesorgane, außer gelegentlich dem Ohr, treten dagegen ganz zurück.

Fassen wir so die physikalischen Instrumente als künstliche Sinnesorgane auf, so bedeutet es offenbar einen großen Schritt weiter, wenn man Instrumente besitzt, die solche Vorgänge anzeigen, für die uns die Natur überhaupt keine spezifischen Sinneswerkzeuge mitgegeben hat, wie die elektrischen und magnetischen und die meisten Strahlungsvorgänge. Unsere heutigen Instrumente zum Nachweis und zur exakten Untersuchung solcher Vorgänge stammen im wesentlichen erst aus den letzten ein bis zwei Jahrhunderten. Der Nachweis eines elektrischen Stromes geschah noch im 18. Jahrhundert mit der Zunge: legt man zwei verschiedene sich berührende Metallstücke auf die Zunge, so entsteht ein elektrisches Element, und man spürt einen charakteristischen Geschmack.

Woher stammt nun aber unser Wissen von solchen Vorgängen, für die wir keine Sinnesorgane besitzen? Es stammt sehr selten aus der Beobachtung des Naturgegebenen, sondern fast immer aus dem bewußten, systematischen Experiment, und das ist der zweite und wohl der wichtigste Punkt. Nicht daß es im Altertum, insbesondere gegen dessen Ausgang in Alexandria, ganz an Experimenten gefehlt hätte, aber man beschränkte sich im wesentlichen darauf, Vorgänge, die man schon aus der Natur kannte, zu reproduzieren, so daß man sie unter besserer Kontrolle hatte und leichter untersuchen konnte. Etwas ganz anderes ist es aber, wenn man Versuchsapparaturen aufbaut aus Einzelteilen und in Kombinationen, wie wir sie in der freien Natur nicht kennen. Schwefel, eine Glasflasche und Stanniol sind alltägliche Dinge. Wenn man aber gegen eine rotierende Schwefelkugel die Hand oder ein Tuch hält, so hat man eine Elektrisiermaschine, wie sie Otto v. Guericke zuerst gebaut hat (Bild 1), und wenn man dann diese in bestimmter Weise mit einer mit Stanniol belegten Glasflasche, einer „Kleistschen Flasche“ verbindet, so kann man aus dieser kräftige elektrische Funken ziehen. Dies ist ein wirkliches Experiment im neuzeitlichen Sinne. Der Effekt ist dabei grundsätzlich derselbe, wie wenn man einen der schon im Altertum gut bekannten „elektrischen“ Fische berührt. Der Unterschied aber ist, daß die Elektrisiermaschine Einblick verschafft in das Wesen und eine Entstehungsart elektrischer Spannungen und so Erkenntnisse vermittelt, wie sie der elektrische Fisch allein bei noch so gründlicher Untersuchung nicht liefern könnte. Die Geburtsstunde dieser Art des Experimentierens läßt sich nicht genau festlegen. Auch diese Entwicklung geschah wie jede andere nicht sprunghaft. Immerhin kann man den Anfang dieser neuzeitlichen Physik um das Jahr 1600 ansetzen; er ist an Namen wie Kepler, Otto v. Guericke und manche anderen geknüpft.

Das dritte schließlich ist die Entwicklung der Meßtechnik. Man kann sagen, aus jedem Instrument, das ursprünglich nur der qualitativen Beobachtung diente, wurde über kurz oder lang ein Meßinstrument, aus dem Thermoskop das Thermometer, aus dem Elektroskop das Elektrometer, die

Wasseruhr und Sonnenuhr wurden durch die Räderuhr verdrängt usw. Die Ansprüche, die an die Zuverlässigkeit und Genauigkeit der Meßgeräte gestellt wurden, stiegen ins Ungeahnte und wurden erfüllt. Diese messende Physik, wie wir sie heute kennen, ist wesentlich eine Frucht des 19. Jahrhunderts; sie diente ursprünglich vor allem der Konsolidierung und praktischen Auswertung unseres physikalischen Wissens. Große Institute, die wesentlich diesem Zweck dienten, wurden in allen großen Ländern geschaffen, wie unsere Physikalisch-Technische Reichsanstalt, deren Gründung an die Namen des Praktikers W. v. Siemens und des Gelehrten H. v. Helmholtz geknüpft ist. Natürlich konnte es nicht ausbleiben, daß das genaue Messen selbst wieder zu neuen Erkenntnissen führte. Andererseits muß aber gesagt werden, daß es nicht unbedingt und immer die beste Methode zur Erweiterung unseres physikalischen Wissens darstellt. Wenn in Zeitungsberichten über neue Entdeckungen die stereotype Wendung auftritt von den „sehr schwierigen und langwierigen Messungen", die zu der Entdeckung geführt haben, so trifft dies in den meisten Fällen nicht zu. Grundsätzlich neues wurde fast immer auf dem zweiten der erwähnten Wege gefunden, nämlich durch neue glückliche apparative Kombinationen, mit denen man „Fragen an die Natur" stellte. Die Wahl solcher Kombinationen entspringt nicht immer einer rein logischen Gedankenreihe, die Intuition spielt dabei eine große Rolle. Und keineswegs immer bekommt man dann eine Antwort auf die gerade gestellte Frage, der Erfolg kann in ganz anderer Richtung liegen als man ahnen konnte. Freilich gehört dazu, daß man beim Experimentieren die Augen offen hält und keine Beobachtung als unwesentlich beiseite schiebt, solange sie nicht als unwesentlich aufgeklärt ist. Der Experimentalphysiker gewinnt so zu seinen Apparaten etwa ein Verhältnis wie zu guten Tieren, vor deren gelegentlichen Tücken man zwar ständig auf der Hut sein muß, die aber im übrigen ihr bestes tun, wenn man sich nur aufmerksam und liebevoll mit ihnen abgibt.

Wie weit ist nun die Entwicklung, die ich Ihnen (sicher stark vergröbert, aber doch wohl im wesentlichen richtig) skizziert habe, heute gediehen? Auf diese Frage antworte ich wohl am besten mit einem Beispiel und möchte dafür das Gebiet der Strahlenphysik wählen. Die Physik der Strahlen erfreut sich ja einer besonderen Popularität und hat in der Tat in den letzten Jahrzehnten am meisten dazu beigetragen, unser Wissen um das Wesen physikalischer Vorgänge zu erweitern. Wir wollen uns das Rüstzeug eines heutigen Strahlenforschers ansehen und, damit wir es besser verstehen, zunächst auf seine Urformen zurückgehen. Es sind noch keine 100 Jahre, die wir uns dabei zurückversetzen müssen. Plücker und Hittorf entdeckten die Kathodenstrahlen und klärten ihre Natur auf, Goldstein fand die Kanalstrahlen, Röntgen die nach ihm benannten Strahlen. Die apparative Grundlage dieser Entdeckungen bildeten einfache Glasröhren, die mit verdünnten Gasen gefüllt waren, und durch die man einen elektrischen Strom schickte (damals sog. „Geißlersche Röhren"). Bei einem gewissen Verdünnungsgrad gehen vom negativen Pol, der Kathode, die sogenannten Kathodenstrahlen aus, die die Glaswand grünlich aufleuchten lassen. Daß es sich um Strahlen handelt, zeigt die Schattenwirkung eingebrachter Gegenstände. Die Kathodenstrahlen bestehen aus negativ geladenen Teilchen äußerst kleiner Masse; ihre Masse beträgt nur $^1/_{1840}$ derjenigen des leichtesten Atoms, des Wasserstoffatoms; man nennt die Teilchen Elektronen. Man kann die Kathodenstrahlen durch ein Fensterchen, das mit einer dünnen Metallfolie verschlossen ist, aus der Röhre in den Außenraum treten lassen, wie Lenard später zeigen konnte. Bringt man andererseits in der Kathode ein Loch an, so treten durch dieses Loch die Kanalstrahlen aus. Diese bestehen aus positiv geladenen Atomen, also „schweren" Teilchen. Die Röntgenstrahlen schließlich entstehen immer dort, wo Kathodenstrahlen auf Materie auftreffen. Sie bestehen nicht aus materiellen Teilchen und sind überhaupt nicht an Materie gebunden, sondern stellen einen elektromagnetischen Wellenvorgang dar, genau wie das sichtbare Licht, nur von sehr viel kleinerer Wellenlänge.

Diese drei Strahlenarten waren zur Zeit ihrer Entdeckung nicht aus der freien Natur bekannt. Sie wurden wiederum aufgefunden mit Apparatekombinationen, die, so einfach sie sind, doch in der Natur nicht vorkommen. Erst später wurden ähnliche Strahlen dort aufgefunden. Kathodenstrahlen sind es, die, von der Sonne kommend, in der Erdatmosphäre die schönen Nordlichterscheinungen hervorrufen. Vor allem aber fanden kurz nach Röntgens Entdeckung französische und englische Forscher, wie Becquerel, M. Curie und Rutherford, daß Strahlen aller drei genannten Arten selbsttätig von gewissen Stoffen ausgesandt werden, die man radioaktiv nennt, und deren bekanntester Vertreter das Radium ist. Den Kanalstrahlen entsprechen dabei die α-Strahlen, den Kathodenstrahlen die β-Strahlen und den Röntgenstrahlen die γ-Strahlen. Schließlich treten ganz ähnliche Strahlen noch auf in Form der immer noch rätselvollen „kosmischen Ultrastrahlung", über die später noch einiges zu sagen sein wird. Zunächst bleiben wir einmal bei der künstlichen Erzeugung der Strahlen und sehen zu, was die Physiker in einem knappen halben Jahrhundert aus den ersten einfachen Apparaturen gemacht haben, die selbst inzwischen zum beliebten Knabenspielzeug geworden sind.

Es sind auch hier wieder verschiedene apparative Entwicklungen zu unterscheiden. Die eine betrifft die Einrichtungen zur Erzeugung der betreffenden Erscheinungen, die andere die Instrumente zum Nachweis, zur genauen Messung und zur näheren Untersuchung der Erscheinungen selbst. Selbstverständlich gingen beide Entwicklungen Hand in Hand. Wenn wir sie im folgenden getrennt betrachten, so ist das reichlich künstlich, erleichtert aber den Überblick. Zum Schluß wollen wir dann sehen, was man durch Verbindung der beiden Apparategruppen an neuen Erkenntnissen gewonnen hat und werden zu unserer Überraschung erkennen, daß die Frage des Werkzeuges für den Physiker weit mehr als eine technische Frage ist, sie ist von entscheidender Bedeutung für das Wesen unserer Naturerkenntnis überhaupt.

Wir beginnen mit den Einrichtungen zur künstlichen Erzeugung von Strahlen. Hierzu braucht man elektrische Spannungen, und zwar möglichst hohe, denn je höher die Spannung, um so größer ist die Bewegungsenergie der damit erzeugten Strahlen. Wir wissen, daß man hohe elektrische Spannungen heute im allgemeinen nicht mehr mit Elektrisiermaschinen oder Funkeninduktoren erzeugt, sondern mit Dynamomaschinen und Transformatoren. Auf diese Weise werden z. B. in unseren Überlandleitungen Spannungen in der Größenordnung von 100000 Volt erzeugt. 100000 Volt genügen aber dem Strahlenphysiker von heute nicht mehr. Man kann allerdings auch Transformatoren für 1 Million Volt bauen, das sind aber recht ungeschlachte und unbequem zu handhabende Geräte. Man schlägt daher einen anderen Weg ein, um zu höheren Spannungen zu gelangen: man geht von einer verhältnismäßig niedrigen Transformatorspannung aus und türmt diese sozusagen mehrmals übereinander. Hierzu dienen gewisse Kunstschaltungen. Die gebräuchliste davon, die Kaskadenschaltung (von Greinacher angegeben), will ich für diejenigen von Ihnen, die Schaltbilder etwas zu lesen verstehen, rasch im Bild 2 zeigen. Man hat einen verhältnismäßig kleinen Transformator und eine Kette von Kondensatoren und Stromventilen, die so geschaltet sind, daß man am Ende ein Mehrfaches der ursprünglichen Transformatorspannung erhält. In der praktischen Ausführung sieht das z. B. wie Bild 3 aus. Dies sind die zwei Kaskadengeneratoren im Max Planck-Institut in Dahlem; sie sind für 1,4 Millionen Volt bestimmt. Ein anderes Beispiel zeigt Bild 4. Diese Anlage ist von einer holländischen Firma für ein englisches Institut gebaut worden. Man sieht außer dem eigentlichen Kaskadengenerator hier schon die Kanalstrahlröhre, in der mittels der Spannung von 1,2 Millionen Volt die Strahlen erzeugt werden, und einige Nebenapparaturen: ein isoliert aufgestelltes kleines Elektrizitätswerk zur Herstellung kleinerer Hilfsspannungen sowie Meßeinrichtungen. Das Ganze steht immer in einer großen Halle oder in einem Turm. Die Steuerung und Beobachtung geschieht meist von einem abgetrennten Raum aus, wo der Experimentator vor gefährlichen Spannungen und Strahlungen geschützt ist.

Es gibt dann noch andere Schaltungen, bei denen das mehrfache Übereinandertürmen verhältnismäßig kleiner Spannungen auf andere Weise erreicht wird, z. B. kurzzeitig in bestimmten Zeitabständen bei dem sogenannten Stoßgenerator. Solche Anlagen werden hauptsächlich für technische Isolationsprüfungen benutzt. Zur Strahlerzeugung haben sie sich weniger bewährt wegen des stoßweisen Charakters der Vorgänge.

Nun gibt es noch ein anderes Prinzip zur Herstellung hoher Spannungen, das sich wegen seiner grundsätzlichen Einfachheit gerade für die Strahlenerzeugung besonders bewährt hat (Bild 5). Dieses Prinzip arbeitet nicht mit Transformatoren, sondern geht bemerkenswerterweise auf die gute alte Elektrisiermaschine zurück. Der wesentliche Teil ist ein endloses Band aus einem Isolierstoff wie Ölleinen, Gummi o. dgl., das über zwei Walzen läuft. Auf Bild 5 ist dieses Band in dem rechteckigen Kasten links enthalten. Unten bringt man elektrische Ladung auf das laufende Band, diese wird oben abgenommen und in einem großen Hochspannungskörper aufgespeichert. Dieses Band ist nichts anderes als eine technisch vervollkommnete Form der rotierenden Schwefelkugel Otto v. Guerickes (Bild 1) oder der rotierenden Scheiben der späteren Elektrisiermaschinen. In dem Hochspannungskörper sitzt dann das eine Ende der Röhre, in der die Strahlen (Kanalstrahlen oder Kathodenstrahlen) erzeugt werden sollen (auf Bild 5 rechts). Weiter enthält der Hochspannungskörper noch eine Reihe von Hilfsgeräten, auf deren Funktion einzugehen uns zu weit führen würde. Auch die Röhre erinnert mit ihren komplizierten Inneneinrichtungen, die zur Herstellung und Regulierung der Strahlen dienen, kaum noch an die alten „Geisslerschen Röhren"; ihre Vervollkommnung beruht in erster Linie auf einem von M. Wien ersonnenen Prinzip. Die ganze Anlage, bis auf ganz wenige Einzelteile, wurde in unserer bescheidenen Institutswerkstatt hergestellt und ist seit sieben Jahren in störungsfreiem Betrieb. Ihre Leistungsfähigkeit kommt nicht ganz an die der vorerwähnten technischen Transformatoranlagen heran, doch erreicht man auch damit eine Million Volt, und zwar in einem Raum, der kaum so groß ist wie drei übereinanderliegende mittlere Wohnräume.

Die erreichbare Spannung ist nämlich bei solchen Anlagen begrenzt durch die schließlich eintretenden Überschläge nach der Wand. Nun gibt es noch ein Mittel, diese Überschläge zu unterbinden, indem man nämlich die Anlage unter erhöhten Luftdruck setzt. Hierzu muß man freilich die ganze Anlage in einen großen Druckkessel einbauen, wie es das folgende Bild 6 einer amerikanischen Anlage zeigt. Der birnenförmige Kessel enthält eine Anordnung nach Art von Bild 5 und ist mit Druckluft von 5,6 Atmosphären gefüllt. Damit kommt man auf 3,7 Millionen Volt. Allerdings ist es dann mit der schönen Einfachheit und Billigkeit der Herstellung und der bequemen Bedienungsweise vorbei.

Die Leistungsfähigkeit solcher Anlagen pflegt man zu kennzeichnen durch die Menge Radium, der sie in ihrer Wirksamkeit gleichwertig sind. Bei der bisher besprochenen Gruppe von künstlichen Strahlenquellen beträgt dieses Radiumäquivalent bis zu einigen Kilogramm, d. i. mehr Radium als auf der ganzen Erde existiert. In einem Punkte allerdings können diese künstlichen Strahlen noch schlecht mit den natürlichen der radioaktiven Stoffe konkurrieren, nämlich hinsichtlich der Bewegungsenergie der Strahlenteilchen. Diese wird gewöhnlich gekennzeichnet durch die Spannung, die man zur künst lichen Herstellung der Strahlen benötigt. Die bisher besprochenen Einrichtungen reichen bis etwa 4 Millionen Volt. Die Physiker, unzufrieden wie sie immer sind, haben keine Ruhe gegeben, bis sie auch diese Grenze überschritten hatten. Freilich ist dazu ein ganz neues Prinzip nötig, das ich an einer einfachen Analogie erläutern möchte. Wir wissen, daß wir ein Rad ohne großen Kraftaufwand in sehr rasche Umdrehung versetzen können, indem wir ihm sehr häufig nacheinander kleine Stöße mit der Hand versetzen. Dasselbe kann man mit den Strahlenteilchen machen, indem man ihnen sehr viele kleine elektrische Stöße erteilt. Hierzu braucht man nur kleine elektrische Spannungen, aber die Spannung muß, genau wie die Hand in unserem Anschauungsbeispiel, immer wieder „ausholen", wir brauchen also Wechselspannung, wie sie etwa ein Rundfunksender erzeugt. Weiter müssen wir die Strahlen, ebenso wie das Rad, auf Kreisbahnen zwingen, damit sie uns nicht weglaufen. Dies erreicht man dadurch daß man die Strahlen in dem Felde eines großen Magneten laufen läßt. Diese beiden Dinge miteinander zu kombinieren, nämlich einen Kurzwellensender mit einem großen Magneten, das war der außerordentlich fruchtbare Gedanke des Amerikaners Lawrence, der in dem sogenannten „Zyklotron" Form gewann. Wir erkennen wieder die Tatsache, daß wichtige Fortschritte in der experimentellen Forschung besonders dann eintreten, wenn eine neue glückliche Kombination von Einzelteilen gelingt, die aus Natur oder Laboratorium an sich schon bekannt sind, aber eben nicht in dieser Kombination. Das Lawrencesche Zyklotron ist heute bei weitem das mächtigste Werkzeug des Strahlenphysikers. Mit den vielen Einzelheiten seiner Konstruktion und Wirkungsweise möchte ich Sie nicht ermüden, sondern mich darauf beschränken, Ihnen zwei Bilder zu zeigen. Das erste (Bild 7) stellt das größte im Betrieb befindliche Zyklotron in Berkeley (Californien) dar. Die Hauptteile sind unschwer zu erkennen: der Magnet, der ein Gewicht von 100 t und mehr haben kann, und zwischen dessen Polen sich die Vakuumkammer befindet, in der die Strahlenteilchen 100mal und öfter umlaufen. Bei jedem halben Umlauf erhalten sie einen neuen elektrischen Stoß, wobei ihre Kreisbahn sich immer mehr spiralförmig aufweitet, bis sie am Rande der Kammer austreten. Im Hintergrunde sieht man den Kurzwellensender, der die elektrischen Beschleunigungsstöße hervorbringt, und der die Größe eines normalen Rundfunksenders hat. Das nächste Bild 8 zeigt den erwähnten spiraligen Strahlenverlauf im Innern der Kammer, aufgenommen an einem Studienmodell[1]. Mit dem großen Berkeley-Zyklotron werden Strahlen hergestellt, deren Energie 16 bis 32 Millionen Volt entspricht, je nach Art der erzeugten Strahlen. Das Bild 9 zeigt das kleinere Pariser Zyklotron, das mit etwa 7 bis 14 Millionen Volt läuft. Man sieht hier auch den aus der Kammer austretenden Strahl, der die Luft auf einer Strecke von etwa 35 cm zum Leuchten bringt. In Deutschland sind mehrere Zyklotronanlagen ähnlicher Größe im Bau begriffen. Inzwischen befaßt man sich in den Vereinigten Staaten mit noch viel größeren Plänen.

So viel sei über die künstliche Erzeugung von Strahlen gesagt. Nun noch einiges über die Einrichtungen, die zum Nachweis und zur Untersuchung von Strahlenvorgängen dienen. Sie sind äußerlich weit weniger eindrucksvoll, bieten aber in der Tat viel mehr des rein naturwissenschaftlich Interessanten.

Man kann verschiedene Wirkungen der in Frage stehenden Strahlen benutzen, um sie aufzufinden und zu untersuchen. Gewisse Stoffe, wie Zinkblende, leuchten auf, wenn sie von den Strahlen getroffen werden. Eine photographische Platte wird geschwärzt, wie z. B. jedes Röntgenbild zeigt. Gase, die von den Strahlen durchsetzt werden, werden schwach elektrisch leitend, so daß ein aufgeladenes Elektroskop, das mit

---

[1]) Diese schönen Modellversuche hat Herr Dr. Salow ausgeführt, dem ich auch die Aufnahme verdanke.

Bild 1. Elektrisiermaschine von O. v. Guericke

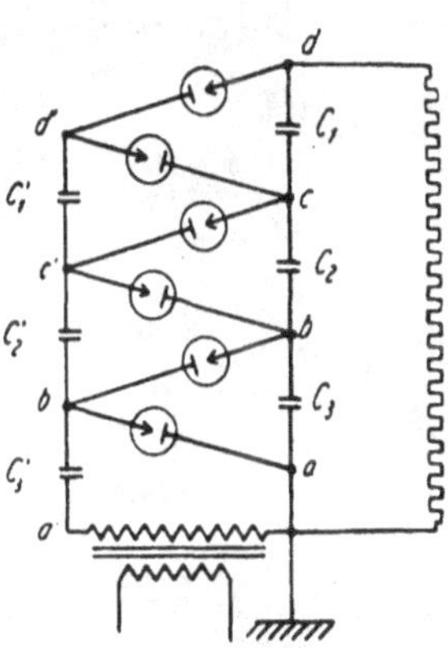

Bild 2. Schema des Kaskadengenerators zur Vervielfachung einer Transformatorspannung (Greinacher)

Bild 3. Kaskadengeneratoren von Siemens (Max-Planck-Institut)

Bild 4. Kaskadenanlage von Philips (Cambridge). Von links nach rechts: Kaskadengenerator, Meßwiderstand, Strahlenröhre, Hilfsgenerator zur Erzeugung der geladenen Teilchen

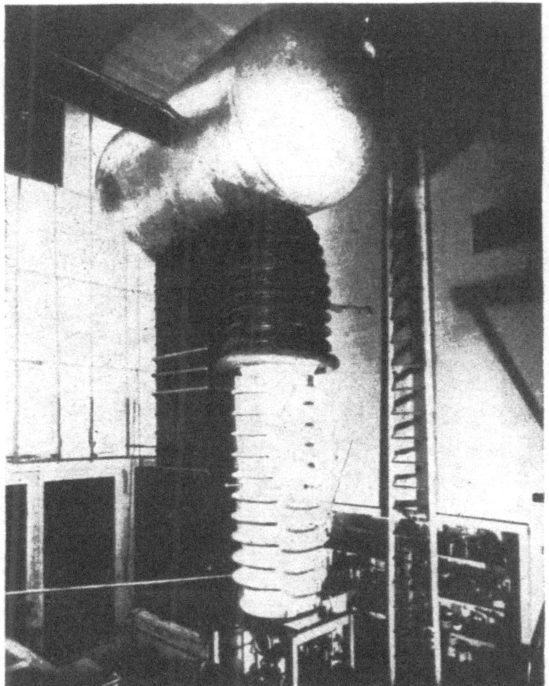

Bild 5. Bandgenerator-Anlage (Kaiser Wilhelm-Institut, Heidelberg)

Bild 6. Bandgenerator im Druckkessel (Westinghouse-Ges.)

Bild 7. Das Zyklotron in Berkeley

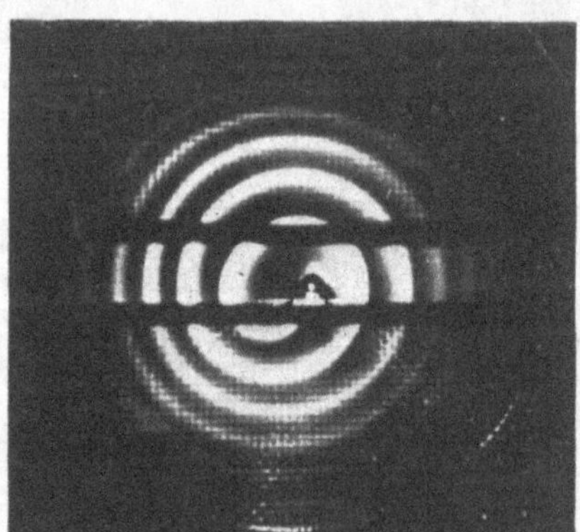

Bild 8. Strahlenverlauf im Zyklotron; Aufnahme an einem Studienmodel

Bild 9. Das Pariser Zyklotron mit austretendem Strahl

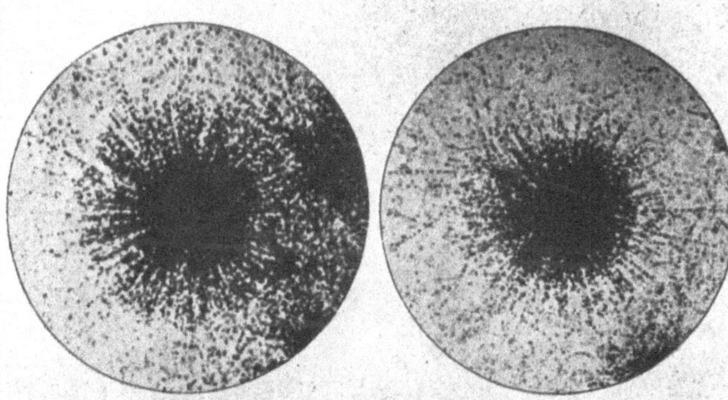

Fig. 2.
(Magnified 345 diameters.)

Fig. 3.
(Magnified 345 diameters.)

Bild 10. Photographische α-Strahlbahnen (Kinoshita)

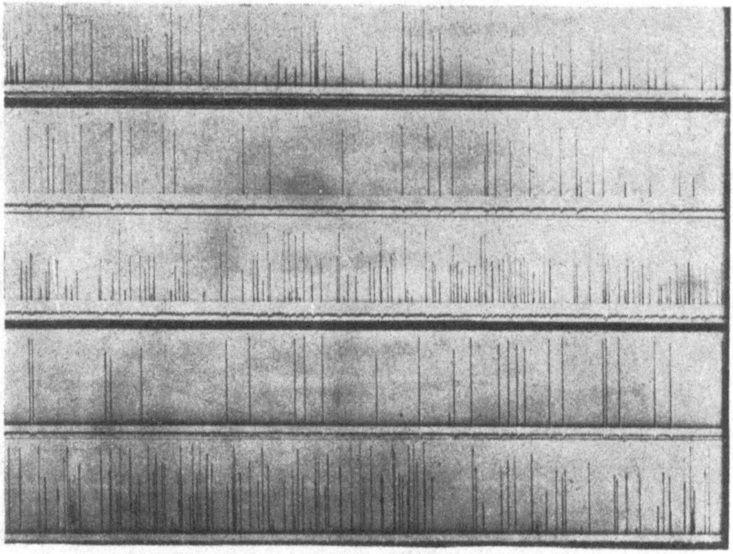

Bild 11. Oszillogramme von Zählerausschlägen

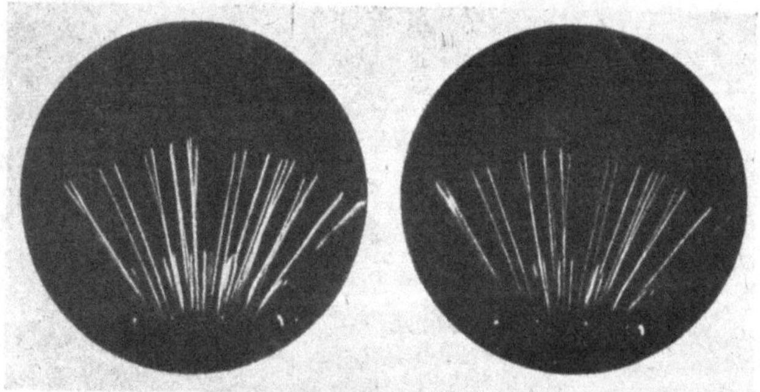

Bild 12. α-Strahlbahnen in der Nebelkammer, stereoskopisch (Meitner Freitag)

Bild 13. Vollautomatische Nebelkammereinrichtung; in der Mitte die Nebelkammer (Klarmann u. Bothe)

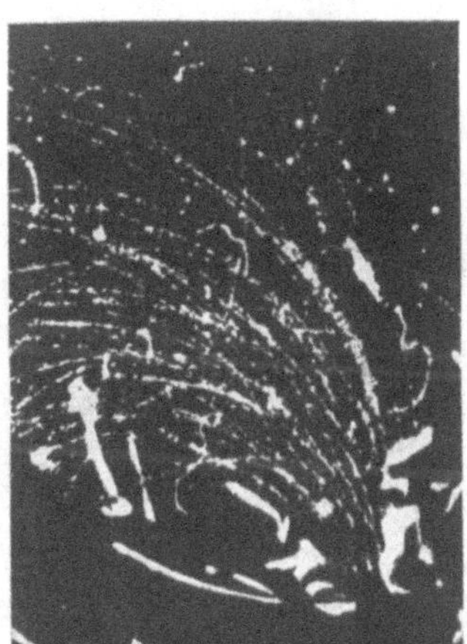

Bild 14. β-Strahlbahnen im Magnetfeld (Lecoin)

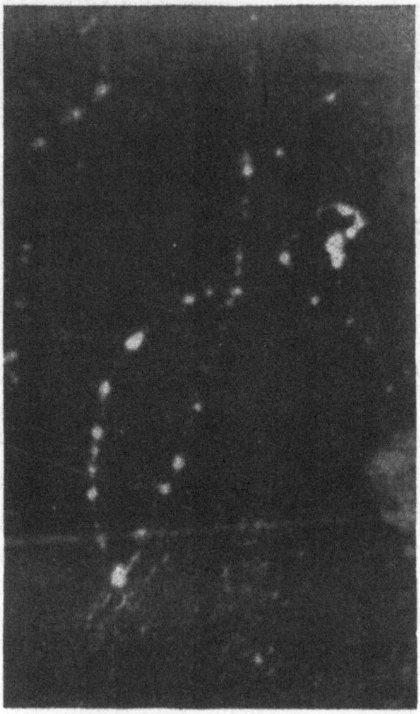

Bild 15. Rückprall eines β-Teilchens an einem Atomkern; Magnetfeld (Klarmann u. Bothe)

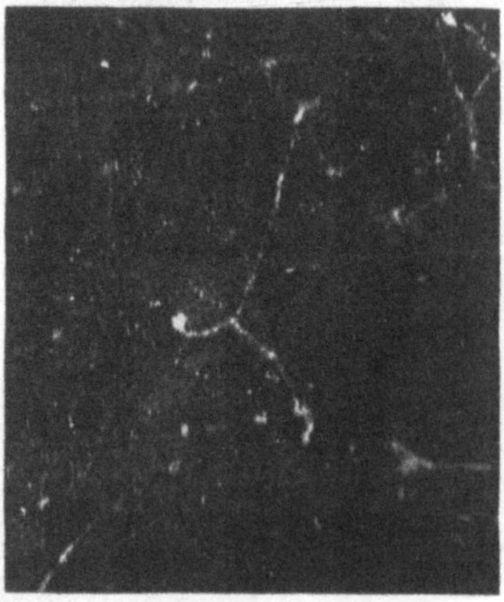

Bild 16. Zusammenstoß eines β-Teilchens mit einem Atomelektron (Bothe)

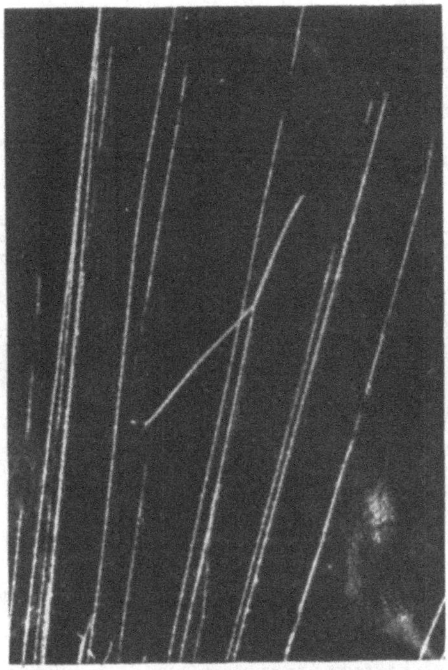

Bild 17. Rückprall eines α-Teilchens an einem Atomkern (Blackett)

Bild 18. Umwandlung eines Stickstoffatoms in ein Sauerstoffatom durch ein α-Teilchen (Blackett)

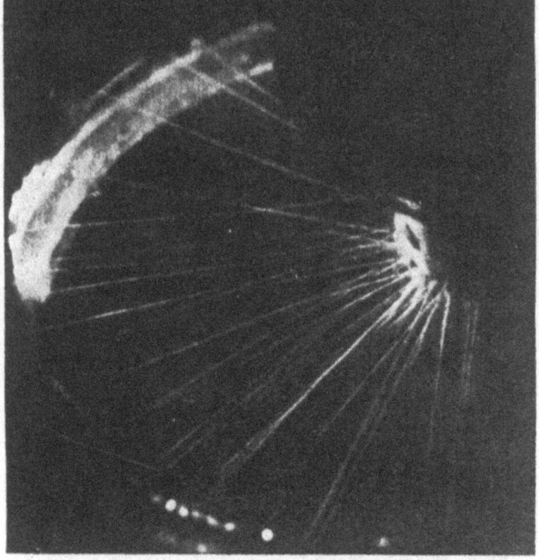

Bild 19. Umwandlung von Lithium in Helium durch Protonen (Kirchner)

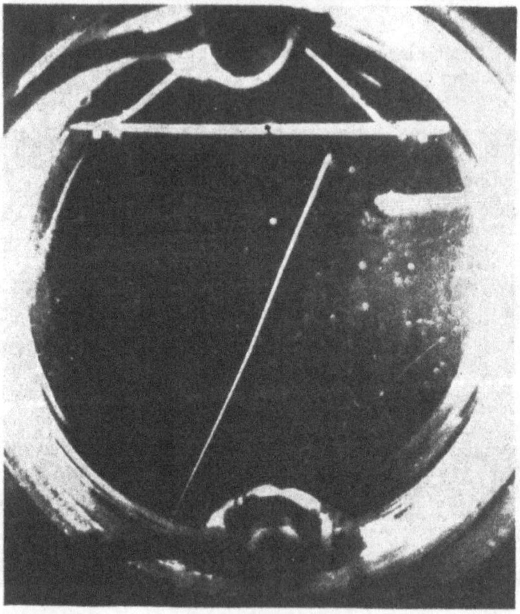

Bild 20. Anstoß eines Protons durch ein (unsichtbares) Neutron (I. Curie u. F. Joliot)

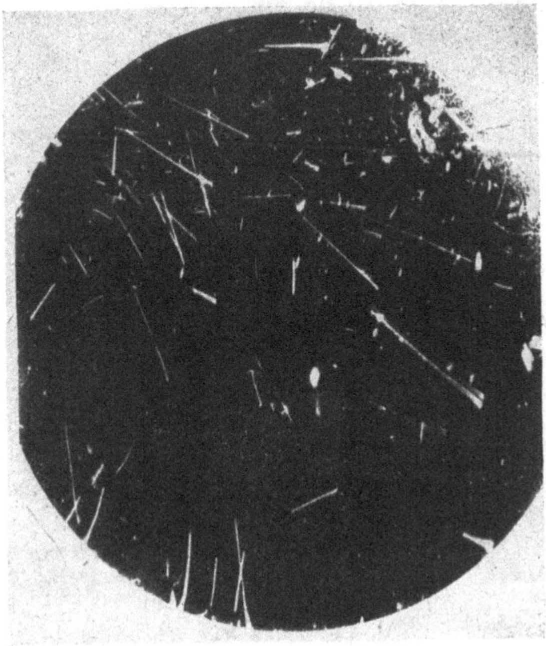

Bild 21. Intensive Neutronenstrahlen, die mit einer Kanalstrahlröhre erzeugt wurden, durchlaufen eine mit Methan gefüllte Nebelkammer; Neutronenquelle links oberhalb des Bildes (Dee u. Gilbert)

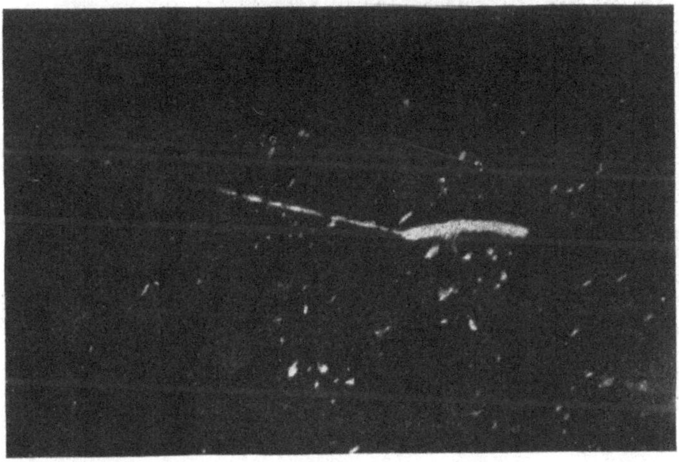

Bild 22. Umwandlung eines Stickstoffatoms in ein Boratom durch ein Neutron, das von unten kommt (I. Curie u. F. Joliot)

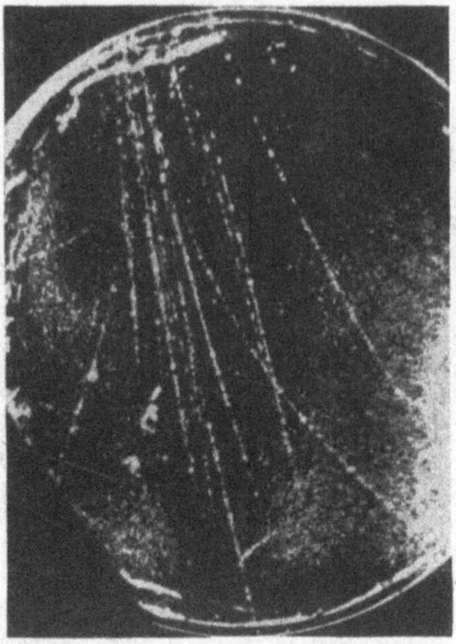

Bild 23. „Garbe“ von Teilchen der kosmischen Ultrastrahlung im Magnetfeld (Blackett u. Occhialini)

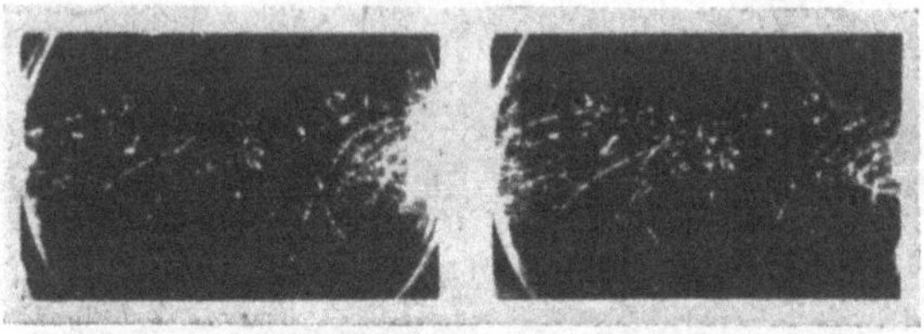

Bild 24. Enges γ-Strahlenbündel, von rechts kommend, setzt Atomelek tronen aus dem Gas in Bewegung; Magnetfeld; stereoskopisch (Skobelzyn

dem Gas in Verbindung steht, mehr oder weniger schnell seine Ladung verliert. Alle diese Wirkungen sind ziemlich unspezifisch, sie können z. B. auch durch ultraviolettes oder sogar gewöhnliches sichtbares Licht hervorgerufen werden. Demgegenüber würde es offenbar einen riesigen Fortschritt bedeuten, wenn es gelänge, einzelne Strahlenteilchen nachzuweisen. Auch dieses Problem ist heute gelöst, und zwar in verschiedenartigster Weise. Die volle Tragweite dieses Fortschrittes liegt vielleicht nicht so unmittelbar auf der Hand. Einmal ist damit die Empfindlichkeit des Nachweises an die Grenze des überhaupt möglichen getrieben. Man kann z. B. von gewissen radioaktiven Stoffen noch Mengen nachweisen, die man in Gramm nur durch eine Zahl mit etwa 20 Nullen hinter dem Komma ausdrücken kann, einfach indem man ihre Strahlen zählt. Zweitens können jetzt die einzelnen Atome, deren Existenz früher nur durch sehr indirekte Methoden erschlossen werden konnte, einzeln unter den verschiedensten Bedingungen untersucht und damit die Natur der kleinsten Bausteine der Materie erschlossen werden. Drittens, und das ist vielleicht das Wichtigste: wir können die Frage aufwerfen und prüfen, wie weit wir überhaupt grundsätzlich in der Lage sind, das Geschehen im allerkleinsten zu erkennen und zu verstehen, d. h. wie weit unsere Natur und das Wesen unserer physikalischen Erkenntnis dies überhaupt zulassen. Solche Fragestellungen sind erst durch die Einführung der Zählmethoden in die experimentelle Forschung recht sinnvoll geworden. Wenn man jetzt schon von einer Physik des 20.Jahrhunderts spricht — und man hat guten Grund dazu —, dann liegt ihr experimenteller Ursprung sicher in der Einführung dieser wunderbaren Methoden, oder wenn man es kraß, wenn auch vielleicht etwas mißverständlich ausdrücken will, in dem Übergang vom Messen zum Zählen. Über die Erfolge dieser neuen Methode denke ich am Schluß meines Vortrages kurz etwas zu sagen. Zuvor aber muß ich Ihnen einiges Genauere über diese neuen Werkzeuge des Physikers erzählen.

Ich nannte drei Nachweismethoden für Strahlen: die Leuchtschirmmethode, die photographische Methode und die Luftleitungsmethode. Alle drei hatten ursprünglich einen kontinuierlichen Charakter: der Leuchtschirm zeigt ein flächenhaftes Leuchten, die photographische Platte ebenso eine gleichmäßig verlaufende Schwärzung, das Elektrometer eine gleichmäßige Bewegung des Goldblattes oder Elektrometerfadens. Die diskrete Struktur der Strahlen, ihr Bestehen aus Einzelteilchen tritt dabei nicht in Erscheinung. Dennoch lassen sich alle drei Methoden so verfeinern, daß sie zu Zählmethoden werden. Am einfachsten gelingt dies beim Leuchtschirm. Man braucht einen Zinksulfidschirm oder Diamantkristall nur mit einem schwach vergrößernden Mikroskop zu betrachten, während er mit α- oder Kanalstrahlen beschossen wird, und sogleich löst sich das diffuse Leuchten auf in ein wunderschönes Funkenspiel aus lauter kleinen Lichtblitzen. Jeder solche Blitz zeigt das Auftreffen eines Strahlenteilchens, also eines einzelnen Atoms an.

Bringt man auf eine gute photographische Platte (nicht jede Plattensorte eignet sich für diesen Versuch) eine winzige Spur Radium oder Polonium und entwickelt nach einiger Zeit, so zeigt sich unter dem Mikroskop etwas wie Bild 10. Man erkennt hier sogar die Bahnen, die die einzelnen α-Teilchen in der photographischen Schicht zurücklegen. Dieser Nachweis ist so empfindlich, daß ungefähr jede Platte, ohne daß sie besonders bestrahlt würde, einzelne solche α-Bahnen zeigt, die einfach von den winzigsten Spuren Radium herrühren, die in jeder Materie, im Glas der Platte oder im Wasser, das für die Emulsion benutzt wurde, enthalten sind.

Die Szintillationsmethode wie auch die photographische Methode haben verschiedene Mängel. Einer davon ist, daß sie auf Strahlen vom Typ der Kanalstrahlen oder α-Strahlen beschränkt sind. Die Teilchen der Kathodenstrahlen, nämlich die sehr leichten Elektronen, sind dafür in ihrer Einzelwirkung zu schwach. Hier erweisen nun die beiden Verfahren, die sich aus der Luftleitungsmethode ableiten, ihren großen Vorteil. Das erste ist das Geigersche Zählverfahren. Es ist von überwältigender Einfachheit: eine zylindrische Kammer enthält eine feine Spitze, eine Nähnadel, Grammophonnadel oder auch ein Platinkügelchen. An diese Vorrichtung legt man eine elektrische Spannung, die so bemessen ist, daß gerade noch kein Strom fließt. Tritt jetzt durch ein Fensterchen ein Strahlenteilchen in die Kammer ein, so erzeugt es auf seinem Wege ein paar geladene Gasatome. Dies genügt, um einen kurzen, aber kräftigen Stromstoß einzuleiten. Dieser Stoß kann leicht nachgewiesen werden mit einem halbwegs empfindlichen Elektrometer, dessen Faden so jedes eintretende Teilchen, Atom oder Elektron, durch eine kurze Zuckung anzeigt. Diese Zuckungen kann man auf einem bewegten Filmstreifen aufnehmen; einige solche Aufnahmen zeigt Bild 11 (das allerdings mit einer vervollkommneten Einrichtung, einem Oszillographen gewonnen wurde). Man muß sich einmal richtig klar machen, was man hier sieht. Das scheinbar kontinuierliche Geschehen, wie es etwa der Leuchtschirm zeigt, ist hier aufgelöst in Elementarereignisse, die nach Zufallsgesetzen aufeinander folgen. Es ist unmöglich — zum ersten Male müssen wir in diesem Zusammenhang dieses Wort gebrauchen — vorauszusagen, ob in der nächsten $^1/_{100}$ sec ein Strahlenteilchen auftreten wird oder nicht. Das höchste, was wir bei vollkommenster Kenntnis der Versuchsbedingungen aussagen können, ist, daß wir bei genügend langer Versuchsdauer durchschnittlich eine bestimmte Zahl von Teilchen beobachten werden. Kurz gesagt: wir können nur statistische Feststellungen treffen, und der Grund dafür ist, daß das Naturgeschehen selbst, und zwar alles Naturgeschehen statistischen Charakter hat. Wenn wir im täglichen Leben nichts davon bemerken, und wenn auch die ältere Physik kaum etwas davon bemerkte, so liegt dies daran, daß man sich nur um Vorgänge kümmerte, die sich aus einer unermeßlich großen Zahl von einzelnen Elementarereignissen zusammensetzen, ebenso wie das monotone und scheinbar gleichmäßige Geräusch des Regens sich aus den unzählig vielen kleinen Knallen beim Aufschlagen der einzelnen Regentropfen zusammensetzt.

Ohne Geiger-Zähler kann heute ein Strahlenphysiker nicht mehr auskommen. Daher ist auch diese Technik heute aufs höchste entwickelt, am entscheidendsten durch ihren Urheber selbst. Statt der Spitze wird heute meist ein glatter Draht benutzt, der längs der Achse der Kammer ausgespannt ist. So wird aus dem Geigerschen Spitzenzähler das Geiger-Müllersche Zählrohr. Statt die einzelnen Stromstöße photographisch aufzuzeichnen, verstärkt man sie durch einen Röhrenverstärker nach Art eines Rundfunkempfängers so weit, daß sie ein mechanisches Zählwerk in Bewegung zu setzen vermögen. Weiter kann man auch die Betriebsweise des Zählers in mannigfacher Weise dem jeweiligen Problem anpassen.

Von ganz anderer Art ist die andere Methode, die sich von der Luftleitungsmethode herleitet, die von Wilson geschaffene „Nebelkammermethode". Ihre Stärke liegt weniger darin, daß sie ebenfalls bis zu einem gewissen Grade Strahlen zu zählen erlaubt, als daß sie die Bahnen der einzelnen Strahlenteilchen in allen Einzelheiten sichtbar werden läßt, wie wenn die Strahlenquelle mit Leuchtspurmunition schösse. Das Bild 12 ist eine Nebelkammeraufnahme von natürlichen α-Strahlen des Thoriums in Luft. Wir lesen von diesem Bild alle kennzeichnenden Merkmale dieser Strahlenart ab, besonders ihren vorwiegend geradlinigen Verlauf und ihre wohldefinierte Reichweite von einigen Zentimetern. Die Methode, nach der dieses Bild gewonnen wurde, knüpft wieder an eine alltägliche Naturerscheinung an, nämlich die Nebelbildung. So wie die Alexandriner Schule des ausgehenden Altertums die Naturvorgänge in das Laboratorium bannte, um sie besser in der Hand zu haben, hat Wilson die Nebelbildung unter verschiedensten Bedingungen studiert und dabei festgestellt, daß nur dort, wo ein elektrisch geladenes Atom oder sonstiges

Teilchen sich befindet, ein kleines Nebeltröpfchen sich kondensiert. Elektrisch geladene Atome aber bildet das α-Teilchen längs seiner Bahn. So kann man es also dazu bringen, daß es seine Bahn selbst als eine Kette feiner Nebeltröpfchen aufzeichnet, und das ist es, was man hier sieht. Um saubere Aufnahmen dieser Art in größerer Zahl zu erzielen, ist allerdings schon ein etwas komplizierter Apparat nötig, wie ihn Bild 13 zeigt. Das nächste Bild 14 ist eine Aufnahme von β-Strahlen. Diese bestehen aus den sehr leichten Elektronen und werden daher viel leichter durch Zusammenstöße mit Gasmolekeln aus ihrer Bahn abgelenkt; auch sind die Bahnspuren viel feiner. Die Ablenkungen können gelegentlich sehr stark sein, wie Bild 15 zeigt. Diese Aufnahmen sind übrigens in einem Magnetfeld gemacht worden, daher laufen die Teilchen auf ungefähren Kreisbögen. Etwas anders ist das Bild, wenn ein β-Teilchen mit einem anderen Elektron zusammenstößt (Bild 16). Hier liegt der Fall genau wie bei zwei gleich schweren Billardkugeln: die getroffene Kugel erhält auch eine gewisse Geschwindigkeit, beide Kugeln fliegen unter einem rechten Winkel zueinander fort. Solche Stöße sind natürlich auch mit den schweren α-Teilchen möglich. In Bild 17 sieht man, wie ein α-Teilchen mit einem Stickstoffatom zusammenstößt und zurückprallt, wobei das Stickstoffatom einen Stoß nach vorn erhält. Die Gesetzmäßigkeiten dieses Vorganges sind von Geiger und Marsden 1912 untersucht worden, und die Ergebnisse bilden die Grundlage für unser heutiges Wissen von der Anordnung der elementaren Bausteine in den Atomen. In der Mitte sitzt der positive Atomkern, der aus schweren Teilchen besteht, nämlich Protonen und Neutronen. Um den Kern kreisen negative Elektronen. Freie Atomkerne bilden die Strahlen vom Typus der Kanal- oder α-Strahlen. Etwas Ähnliches wie auf dem Bild 17 scheint auf Bild 18 zu passieren. Wenn man es aber genau analysiert, zeigt es etwas ganz anderes und höchst interessantes, nämlich eine Atomumwandlung oder, wie man früher sagte, Atomzertrümmerung. Was von unten heraufkommt, ist zwar auch ein α-Teilchen, also ein Heliumkern. Was dagegen nach rechts unten wegfliegt, ist ein Wasserstoffkern oder „Proton", wie die geringere Dichte der Bahn schon zeigt[1]. Das ursprünglich getroffene Atom andererseits ist zwar wieder ein Stickstoffatom, aber das nach oben entweichende Atom ist ein Sauerstoffatom. Hier ist also aus Stickstoff Sauerstoff geworden, es ist das gelungen, was die mittelalterlichen Alchimisten vergeblich versucht hatten: eine Transmutation. Solche Transmutationen sind zum ersten Male vor gerade 25 Jahren von Rutherford beobachtet worden. In unserem Bilde wird die Stickstoffumwandlung durch ein natürliches α-Teilchen von Thorium hervorgerufen. Sehr viel deutlichere Effekte erhält man aber mit den künstlichen Strahlenquellen, von denen früher die Rede war. Die nächste Nebelkammeraufnahme (Bild 19) zeigt die Umwandlung des Elements Lithium durch Kanalstrahlen. Man sieht das untere Ende der Kanalstrahlröhre, das in die Nebelkammer hineinragt, und eine große Zahl von Strahlenbahnen, die alle durch Umwandlungen entstanden sind.

Hier sind die erzeugten Atomtrümmer selbst wieder vom Kanalstrahltyp, also schwere Teilchen von verhältnismäßig geringem Durchdringungsvermögen. Vor einer Reihe von Jahren kam nun dem Vortr. der Gedanke, ob nicht bei solchen Umwandlungen auch durchdringendere Strahlen entstehen könnten. Versuche, die er mit Herbert Becker mit Hilfe eines sehr einfachen Geigerschen Spitzenzählers anstellte, zeigten, daß dies in der Tat in einer Reihe von Fällen eintrat. Besonders deutlich zeigte sich dieser neue Effekt, wenn das Metall Beryllium mit α-Strahlen bombardiert wurde. Diese durchdringende Berylliumstrahlung wurde dann vom Ehepaar Curie-Joliot in einer wasserstoffgefüllten Nebelkammer näher

---

[1]) Leider verschwinden solche Feinheiten leicht in der Wiedergabe von Nebelkammerbildern.

untersucht. Sie fanden dabei Bilder wie das folgende (Bild 20). In einer gewissen Entfernung von dem bestrahlten Beryllium entsteht plötzlich, wie aus heiterem Himmel, ein schnell bewegter Wasserstoffkern, ein Proton. Diese Erscheinung fand eine überraschende Aufklärung durch Chadwick. Unsere Berylliumstrahlung enthält eine neue, bis dahin unbekannte Art von Elementarteilchen. Dieses Teilchen ist fast genau so schwer wie das Proton, besitzt aber keine elektrische Ladung und wird daher Neutron genannt. Weil dieses Teilchen keine Ladung besitzt, hinterläßt es auch keine Spur in der Nebelkammer. Wohl aber ist es imstande, ein Wasserstoffatom so stark anzustoßen, daß dieses mehrere Zentimeter weit als Proton fliegt und eine Bahnspur hinterläßt. Auch für die Erzeugung von Neutronen sind die künstlichen Strahlenquellen viel wirksamer, wie das Bild 21 zeigt. Während es früher fast ein Glücksfall war, wenn man einmal ein Neutron in der Nebelkammer abfing, ist hier die ganze Kammer mit den Neutronenstößen erfüllt. Übrigens sind die Neutronen ihrerseits wieder imstande, Atome umzuwandeln, wie das folgende Bild 22 zeigt. Im Gegensatz zu der in Bild 18 gezeigten Stickstoffumwandlung fehlt hier der Stamm der Gabel, weil er durch ein Neutron gebildet wird, das keine Bahnspur hinterläßt.

Nun noch ein paar Beispiele aus einem ganz anderen Zweig der Strahlenphysik. Seit etwa 30 Jahren weiß man, daß in der freien Natur eine Strahlung auftritt, deren Wesen zunächst ganz rätselhaft war. Sie rieselt ständig aus dem Weltenraum herab, ohne daß man einen bestimmten Himmelskörper als Ursprungsort angeben könnte. Sie vermag die ganze Erdatmosphäre und weiter noch hunderte von Metern Wasser zu durchdringen. Gleichzeitig ist sie aber so wenig intensiv, daß sie eben nur den in jüngster Zeit entwickelten höchstempfindlichen Meß- und Zählmethoden zugänglich ist. Von ihrem Entdecker Heß wurde sie „Ultrastrahlung“ genannt, wegen ihres hohen Durchdringungsvermögens.

Vor etwa 15 Jahren konnten nun der Vortr. und W. Kolhörster den Nachweis erbringen, daß die kosmische Ultrastrahlung geladene Teilchen enthält, und zwar von einer ungeahnten Bewegungsenergie. Sie wurde damals auf mindestens 1000 Millionen Volt geschätzt; tatsächlich kommen bisweilen sogar Teilchen von 1 Million Millionen Volt und mehr darin vor. Die Auffindung dieser Teilchen gelang wieder mit einer außerordentlich einfachen Kombination von Zählrohren und Metallplatten. Das Bild 23 zeigt solche Ultrastrahlteilchen in der Nebelkammer. Man erkennt die sehr charakteristische Bildung sogenannter Schauer oder Garben von Elektronen. Und noch etwas anderes ist höchst interessant an diesem Bilde: durch das angelegte Magnetfeld werden die Teilchen teils nach der einen, teils nach der anderen Seite abgelenkt. Dies bedeutet, daß nicht nur die gewöhnlichen negativen Elektronen auftreten, sondern auch positiv geladene Elektronen oder „Positronen", wie sie von ihrem Entdecker Anderson getauft wurden. Demselben Physiker gelang später noch die Entdeckung eines weiteren Elementarteilchens der Materie in der kosmischen Ultrastrahlung, des „Mesotrons", so genannt, weil seine Masse zwischen der des Elektrons und des Protons liegt.

Alle diese Ultrastrahlphänomene können heute noch nicht künstlich im Laboratorium erzeugt werden. Dies ist vorerst noch das Ziel einer weiteren Vervollkommnung unseres physikalischen Rüstzeugs. Die Erreichung dieses Zieles ist sicher nur eine Frage der Zeit, und welche neuen Erkenntnisse sich dann erschließen werden, ist zur Zeit noch kaum zu ahnen. Vorerst mag die Tatsache der Auffindung von drei neuen elementaren Bausteinen der Materie innerhalb eines Jahrzehntes genügen, um zu zeigen, welche entscheidende Rolle die Entwicklung der Experimentiermittel für die Erweiterung unserer Naturerkenntnis spielt.

Die Versuchung ist sehr groß, Ihnen noch mehr Bilder aus der Werkstatt des heutigen Strahlenphysikers zu zeigen. Aber ich bin fast schon zu weit vom eigentlichen Thema abgeschweift. Denn ich kann nicht schließen, ohne die Beziehungen zwischen dem Physiker und seinem Werkzeug noch von einer ganz anderen Seite zu beleuchten. Es handelt sich dabei um eine besonders tiefgreifende Beziehung.

Die Auffassung des täglichen Lebens ist etwa die folgende: die Dinge sind so, wie wir sie sehen, und sie werden nicht anders dadurch, daß wir sie sehen. Diese Auffassung hat sich bekanntlich bewährt. Wenn ich unseren Hörsaal verdunkle, so daß ich mein Manuskript nicht mehr sehen kann, so kann ich sicher überzeugt sein, daß immer noch dasselbe darin steht. Diese Sicherheit verläßt uns aber, wenn wir nicht mehr Dinge und Vorgänge betrachten, die aus einer unermeßlich großen Zahl von Atomen und atomaren Vorgängen bestehen, sondern wenn wir uns für die einzelnen Elementarteilchen und ihre Bewegungen interessieren, wenn wir also von der „makroskopischen" zur „mikroskopischen" Betrachtungsweise übergehen. Hier entsteht eine grundsätzliche Schwierigkeit, die man aus folgender Überlegung erkennt. Wenn wir einen sehr kleinen Gegenstand, ein Rauchteilchen o. dgl., unter dem Mikroskop betrachten wollen, so müssen wir ihn mit sehr kurzwelligem Licht beleuchten, sonst erscheint er verschwommen. Hierauf beruht ja das Ultraviolettmikroskop und das Übermikroskop. Wenn wir gar ein einzelnes Elektron und seine Lage und Geschwindigkeit einigermaßen genau feststellen wollen, so brauchen wir dazu Gammastrahlen, deren Wellenlänge viele tausendmal kleiner ist als die des gewöhnlichen Lichtes. Was geschieht nun aber, wenn wir ein Elektron mit solchem Gammalicht beleuchten? Das zeigt das letzte Bild 24 in einer Nebelkammeraufnahme. Das beleuchtete Elektron wird in sehr rasche Bewegung versetzt, so als ob es von einem anderen Teilchen gestoßen worden wäre. Und das Fatale ist dabei, daß die Geschwindigkeit, die das Elektron erhält, immer dieselbe ist, wie schwach wir auch die Beleuchtung wählen — eine Tatsache, die zuerst von Lenard festgestellt worden ist und ihre Deutung im Rahmen der Planckschen Quantenhypothese gefunden hat. Dies bedeutet aber, daß wir durch unser Experiment selbst die Geschwindigkeit des Elektrons radikal geändert haben, das Experiment kann uns daher keinen Aufschluß über die wirkliche Geschwindigkeit geben. Diese Unmöglichkeit ist in keiner Weise in irgendwelchen Unvollkommenheiten unserer Experimentiermittel begründet, sie ist durchaus grundsätzlicher Art. Die Genauigkeit, mit der wir die Lage und den Bewegungszustand eines Teilchens experimentell feststellen können, ist grundsätzlich begrenzt. Die Grenze wird durch die sogenannte Heisenbergsche Unbestimmtheitsrelation gegeben. Der Grund für diese Unbestimmtheit ist der, daß jedes noch so feine Werkzeug, das wir ansetzen, um den Zustand der Dinge zu erkennen, diesen Zustand grundsätzlich in bestimmtem Grade verändert, so daß eine genaue Messung nicht möglich ist. Jeder Versuch einer solchen Messung bedeutet einen so starken Eingriff in den zu untersuchenden Vorgang, daß dieser bis zur Unkenntlichkeit verzerrt werden kann. Einen scheuen Vogel, der auf dem Zweige sitzt, können wir belauschen, ohne ihn aufzuscheuchen, wenn wir nur mit der nötigen Vorsicht zu Werke gehen. Bei einem Atom gelingt uns das niemals vollkommen. Damit sind wir an einer Schranke unserer Naturerkenntnis angelangt, die durch kein noch so vollkommenes technisches Werkzeug, höchstens durch den denkenden Verstand überwunden werden kann. Die Erscheinungen, die uns diese Schranke erkennen lassen, sind nämlich so merkwürdiger Art, daß es jedenfalls zunächst unmöglich erscheint, sie widerspruchsfrei im Rahmen unserer Anschauungsformen von Raum, Zeit und Ursächlichkeit zu beschreiben. Auf diese Fragen näher einzugehen muß ich mir versagen; sie gehen mehr und mehr neben dem Physiker auch den Philosophen an.

(Fortsetzung von Umschlagseite 2)

12. Heft: Die alttertiären Säugetiere Mitteldeutschlands nach den Hallenser Grabungen im Geiseltal und bei Walbeck. Von Prof. Dr. Johannes Weigelt. 8°. 48 Seiten und 8 Tafeln. 1942. RM 1.80

13. Heft: Energiesatz und neuere Physik. Von Prof. Dr. Max von Laue. 8°. 23 Seiten und 20 Abb. auf 11 Tafeln. 1943. RM 1.60

14. Heft: Elfhundert Jahre Verdun. Deutschland und Europa im Laufe der Geschichte. Von Friedrich Stieve. 8°. 22 Seiten. 1943. RM —.80

15. Heft: Werner von Siemens. Von Staatsrat Prof. Dr. Abraham Esau. 8°. 20 Seiten und 1 Tafel. 1943. RM —.80

16. Heft: Über den Licht- und Farbensinn. Von Prof. Dr. Wilhelm Trendelenburg. 8°. 32 Seiten und 11 Abb. 1943. RM 1.—

17. Heft: Die Kulturpolitik des Mongolischen Weltreichs. Von Prof. Dr. Erich Haenisch. 8°. 32 Seiten und 1 Tafel. 1943. RM 1.—

18. Heft: Erbanlage als Schicksal und Aufgabe. Von Prof. Dr. Otmar Frhr. von Verschuer. 8°. 25 Seiten. 1944. RM —.80

19. Heft: Volk, Raum und politische Ordnung in der deutschen Hanse. Von Prof. Dr. Fritz Rörig. 8°. 24 Seiten. 1944. RM —.90

20. Heft: Die Ausbreitung der Indogermanen. Von Prof. Dr. Franz Specht. 8°. 36 Seiten. 1944. RM 1.20

21. Heft: Das Plancksche Wirkungsquantum. Von Prof. Dr. Werner Heisenberg. 8°. 19 Seiten. 1944. Im Druck.

22. Heft: Der Physiker und sein Werkzeug. Von Prof. Dr. Walther Bothe. 8°. 26 Seiten und 24 Abb. 1944.

Die Hefte erscheinen in zwangloser Folge

VERLAG WALTER DE GRUYTER & CO., BERLIN W 35